Die Ziffer 1

eins

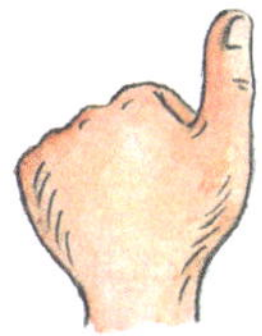

Die Ziffer 1

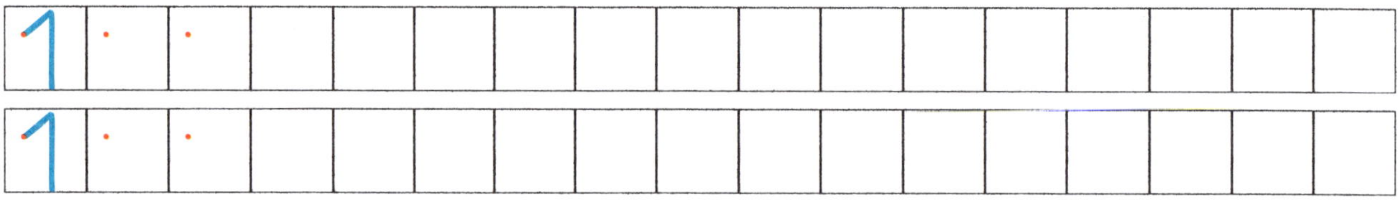

Welches Kind wohnt in der 1?

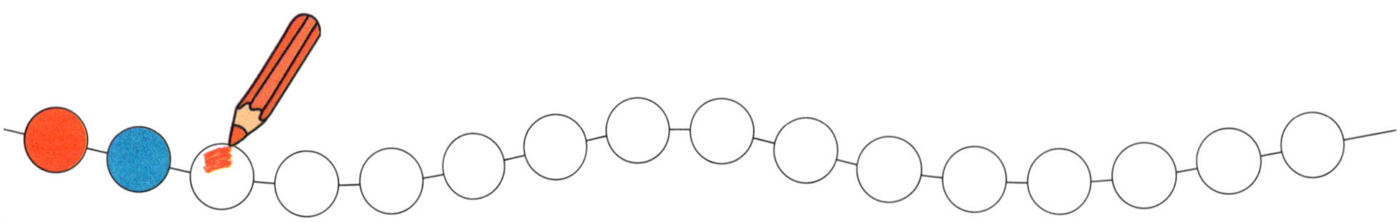

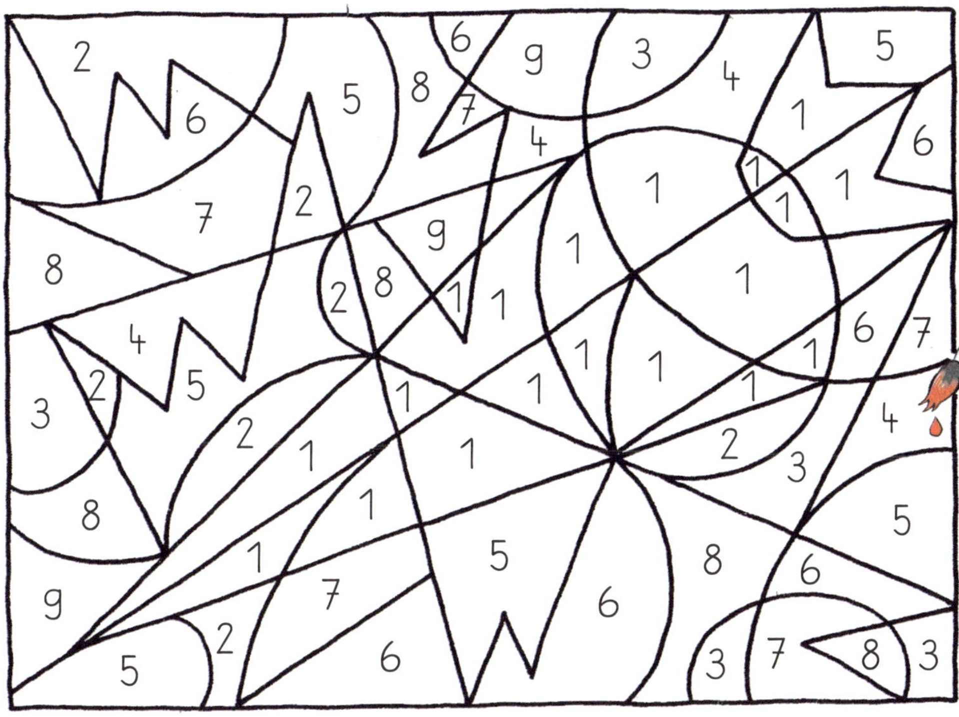

1

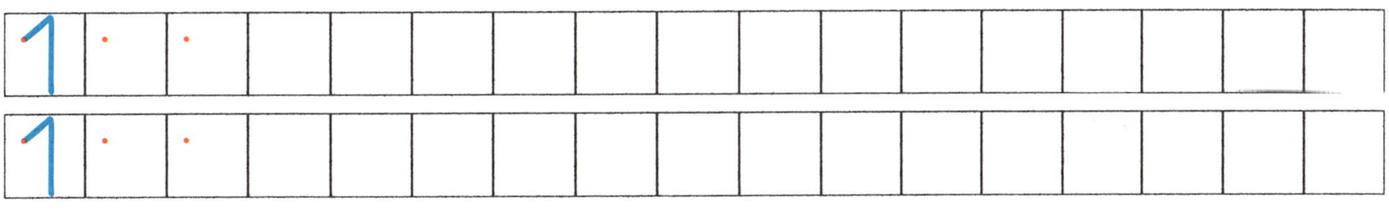

Einführung der 2

zwei

Die Ziffer 2

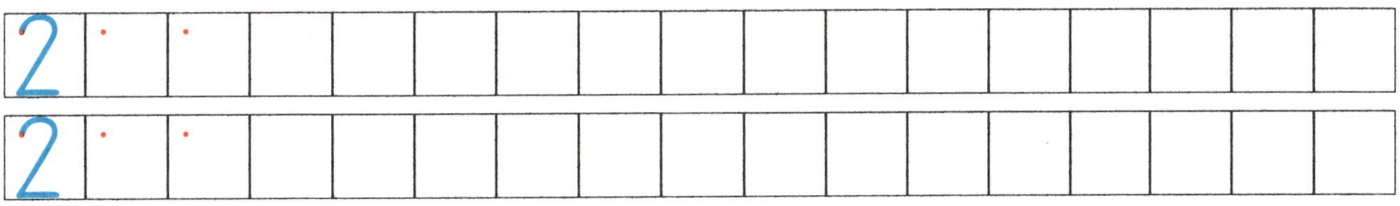

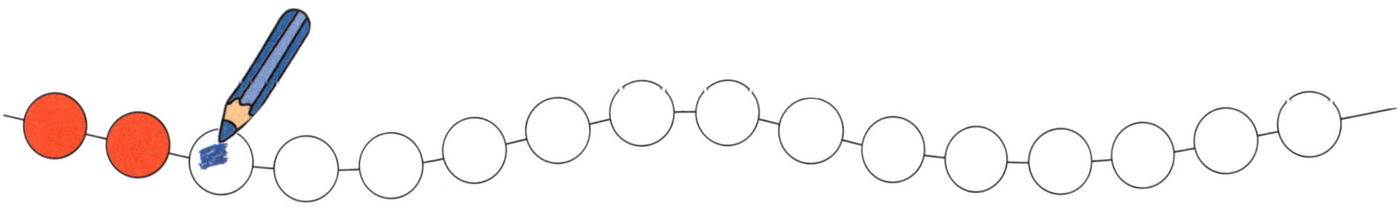

Die Ziffer 2

1
2

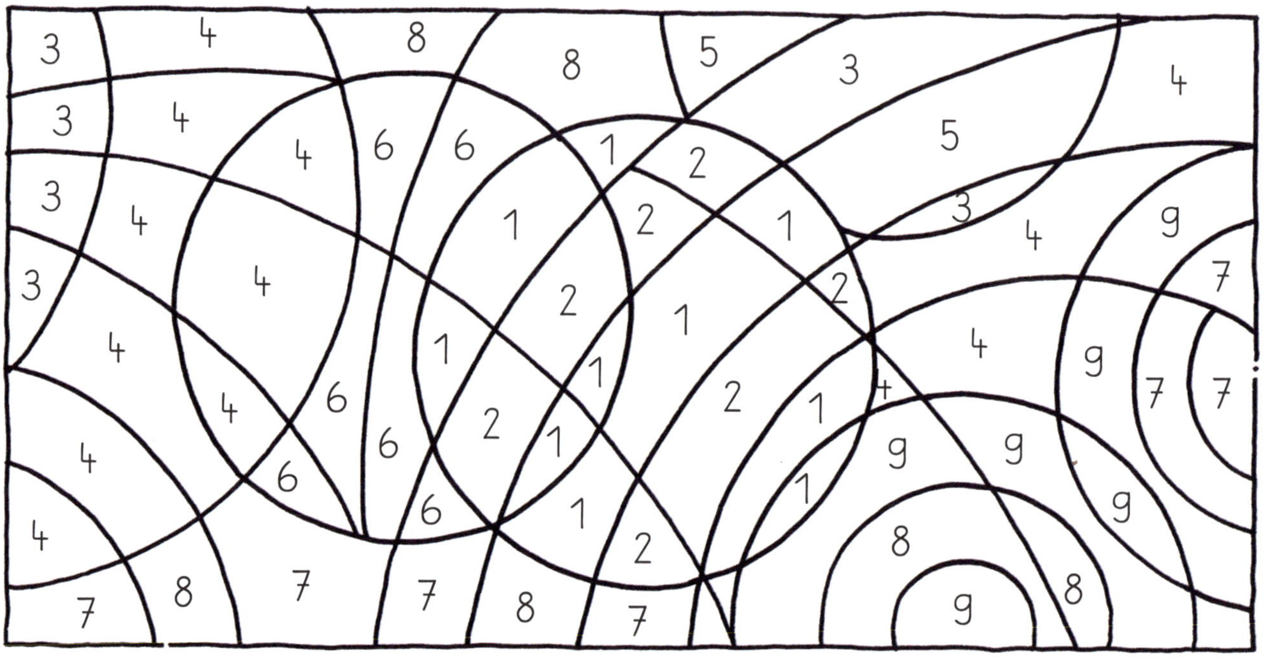

2 2

1 2 1

2 1 2

drei

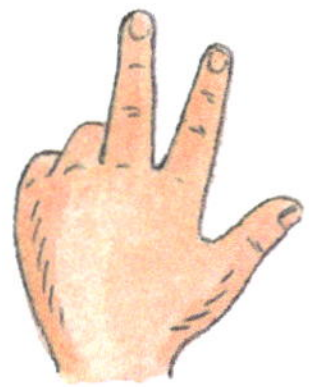

3

Die Ziffer 3

Welche Tiere schauen nach links? Kreise mit lila ein.

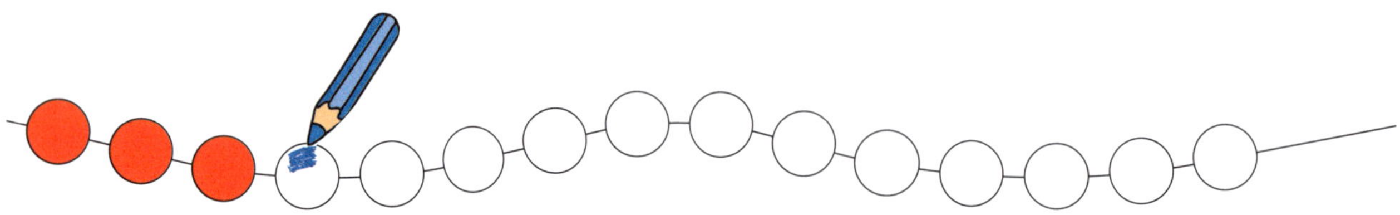

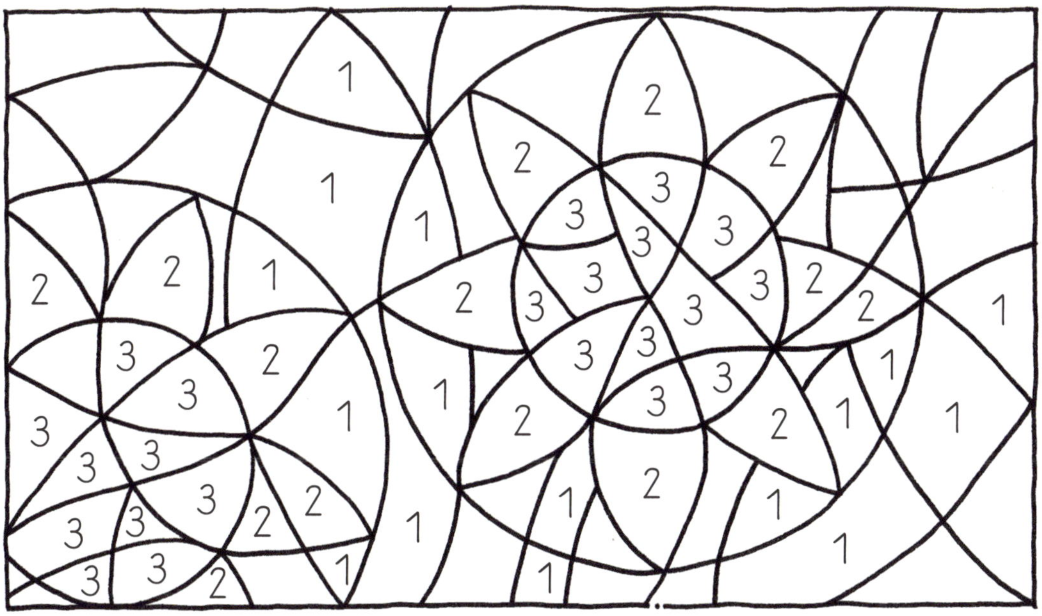

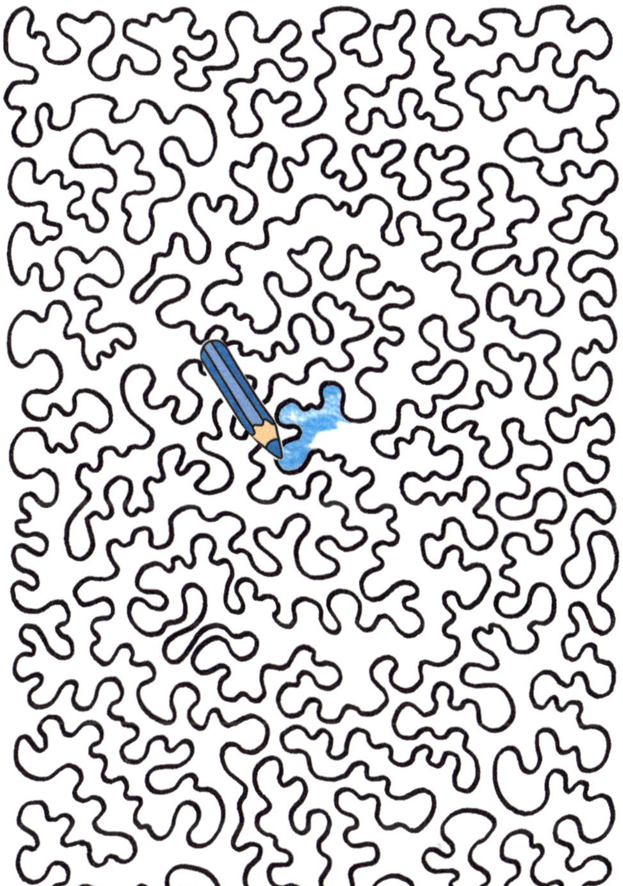

3 3

2 3 2

1 3 1 3

3 2 1 3

Einführung der 4

vier

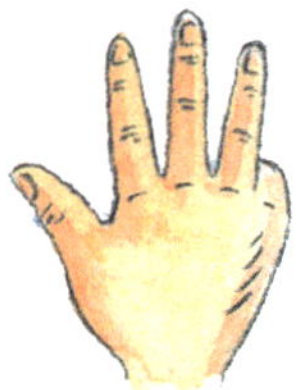

4																
4																

Welche Schiffe fahren nach rechts? Kreise mit rot ein.

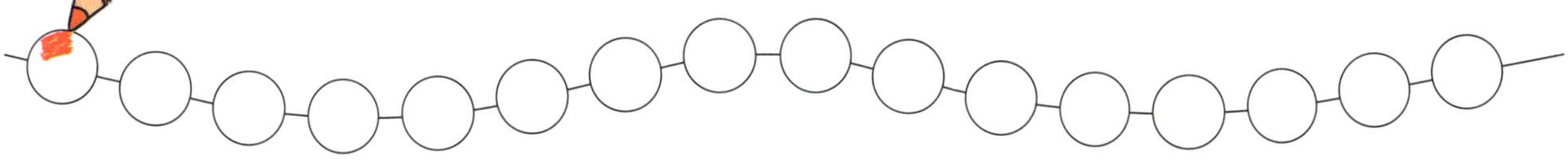

Die Ziffer 4

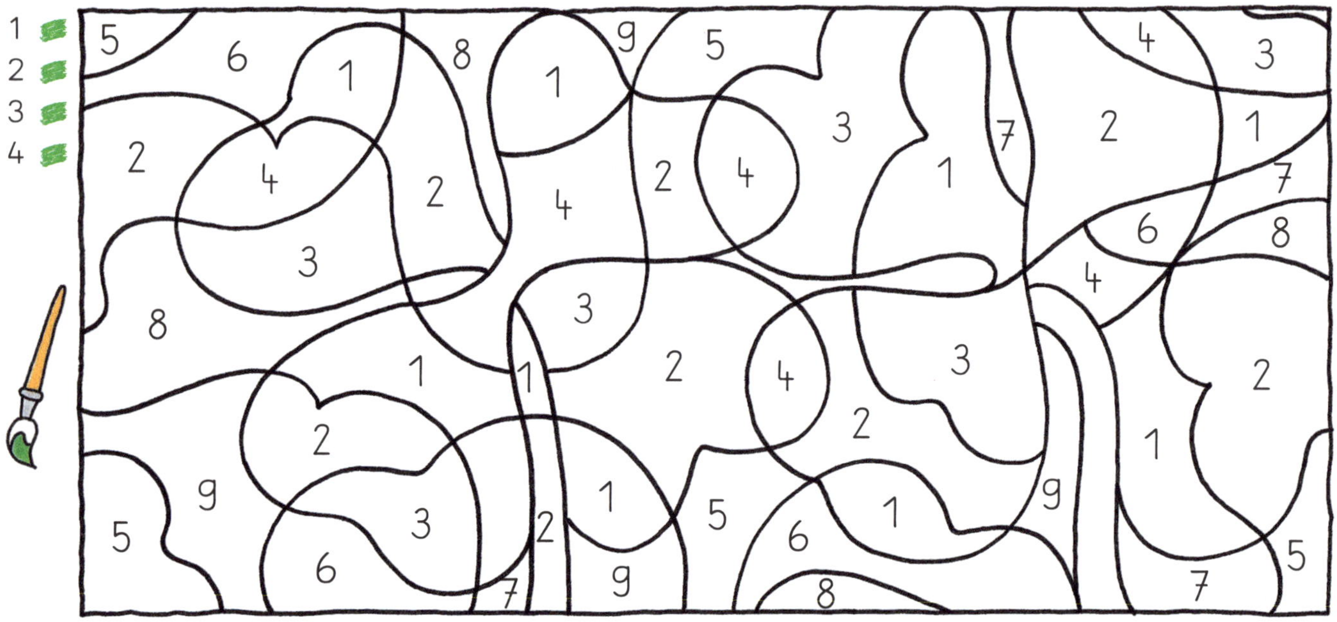

4 4

3 4 3

2 4 2

1 2 3 4 1

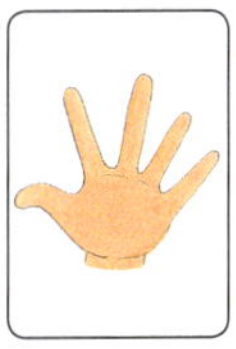

fünf

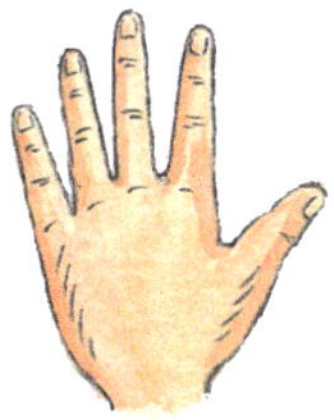

Die Ziffer 5

5

5

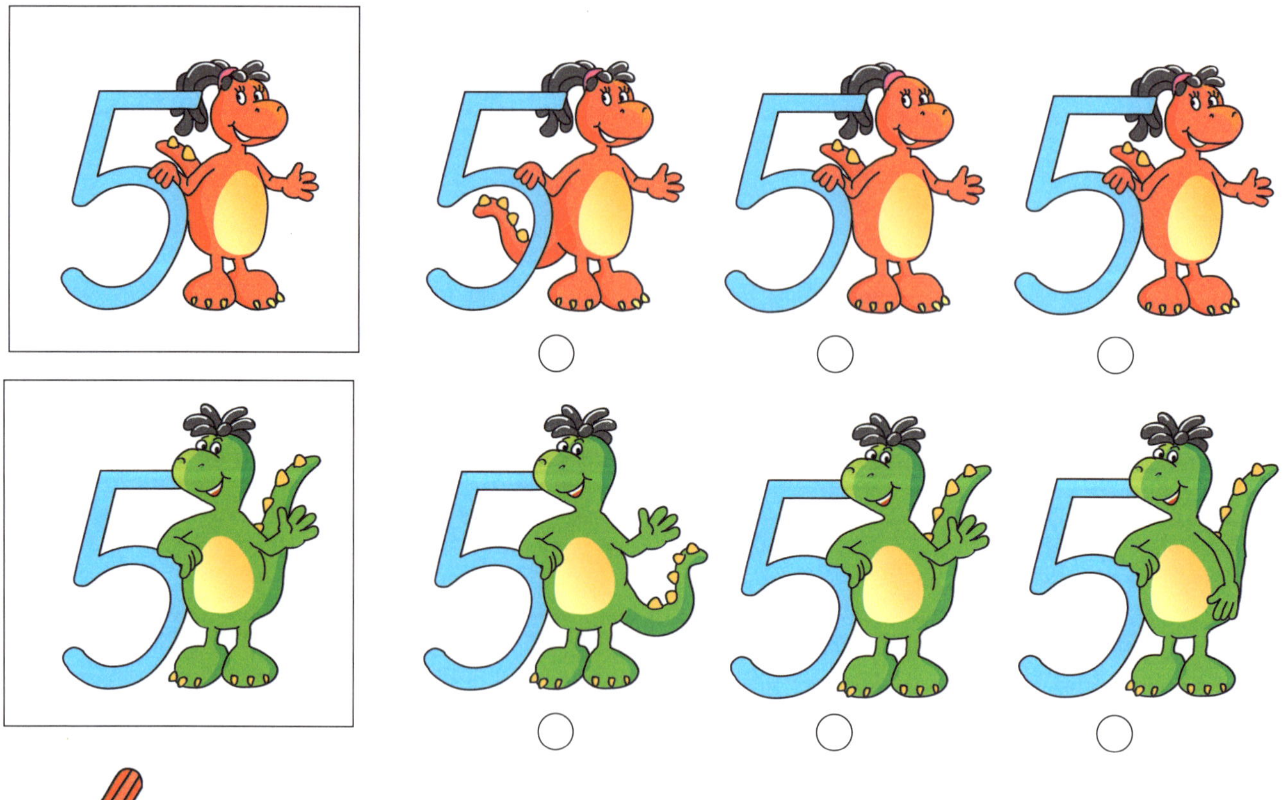

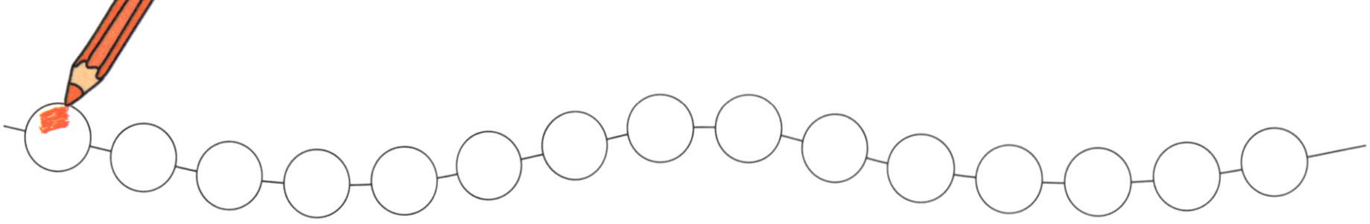

1
2
3
4
5

2	6	3	7	6	9	5	7	9	6	3	8	2
8	3	9	7	6	4	5	4	9	6	8	3	7
2	8	3	7	1	4	5	4	1	6	3	8	2
6	8	9	2	1	4	5	5	1	2	6	6	9
2	8	3	7	1	4	5	4	1	6	3	8	2
9	3	7	7	6	4	5	4	9	6	6	3	9
2	8	3	7	6	8	5	6	9	6	3	8	2

5 5

4 5 4

5 4 3 5

5 3 1 5

Einführung der 6

sechs

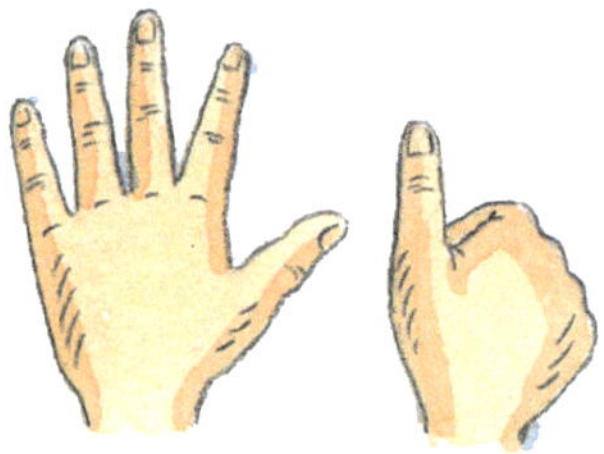

Welche Schnecke kommt zum Salat?

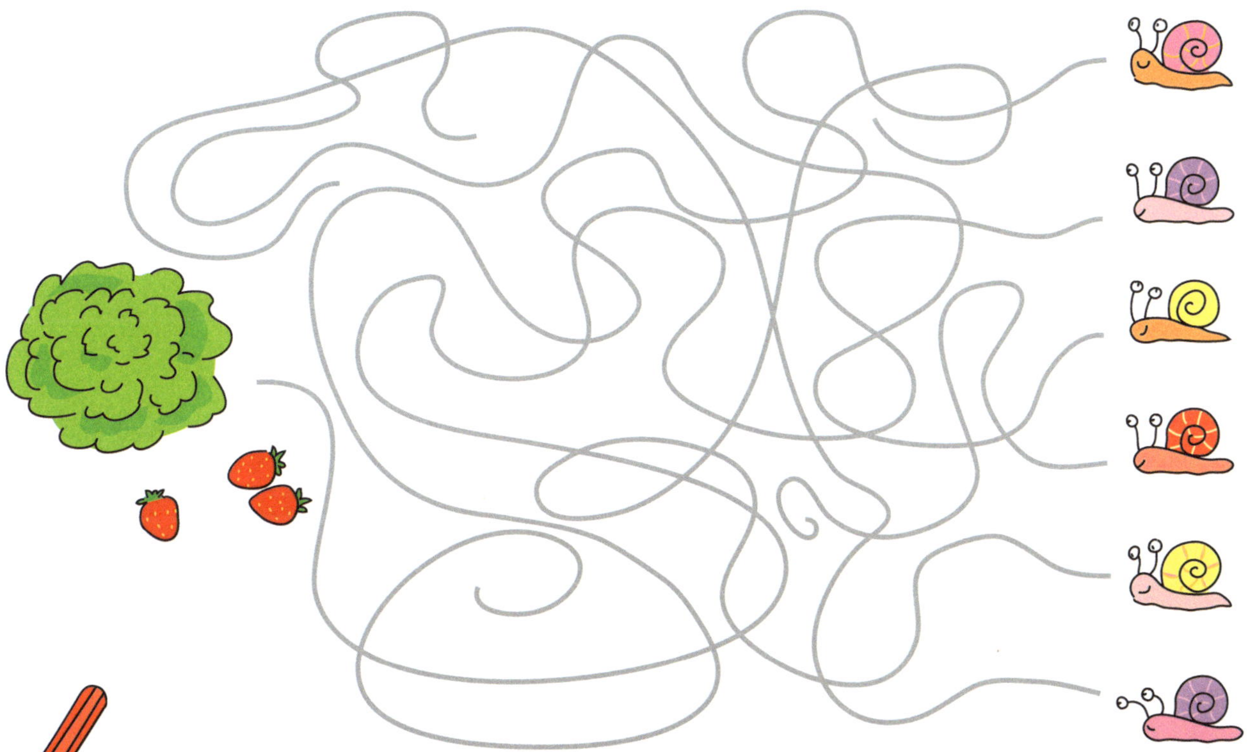

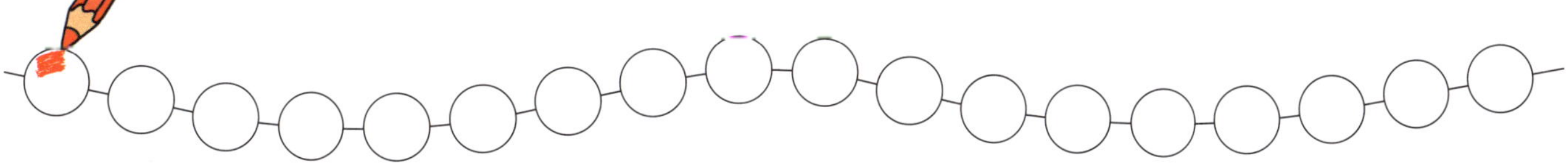

Die Ziffer 6

1
2
3
4
5
6

6

5 6 5

6 5 4 6

6 4 2 6

sieben

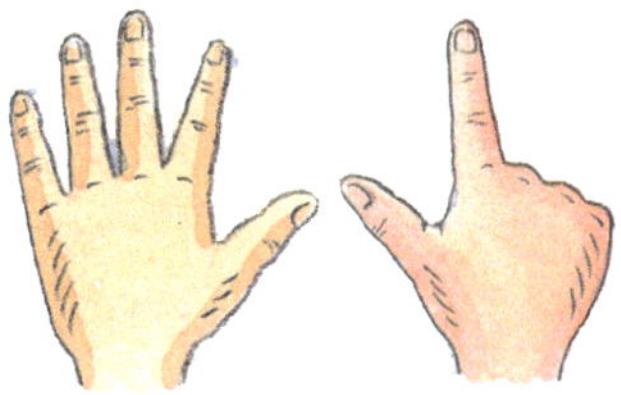

Die Ziffer 7

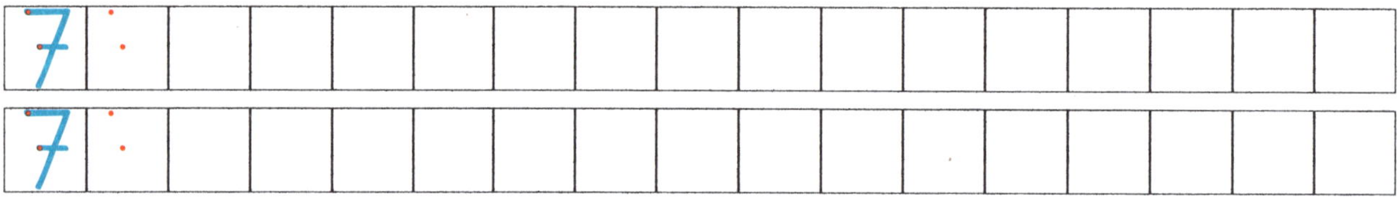

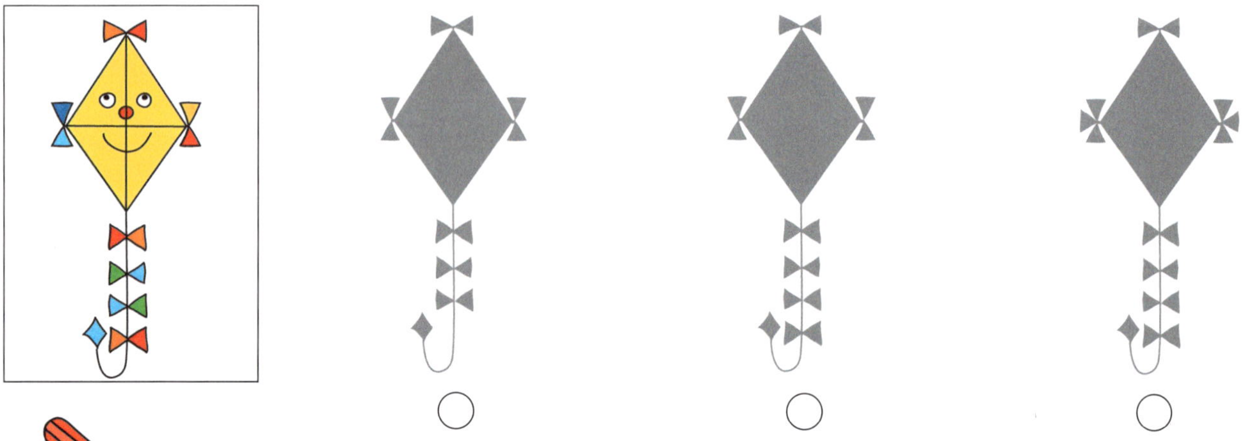

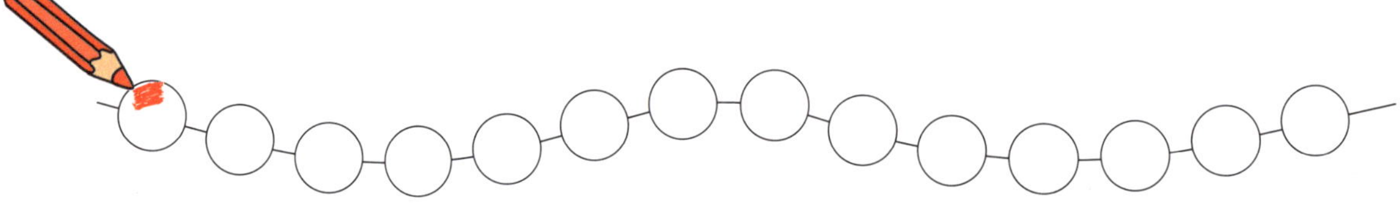

1
2
3
4
5
6
7

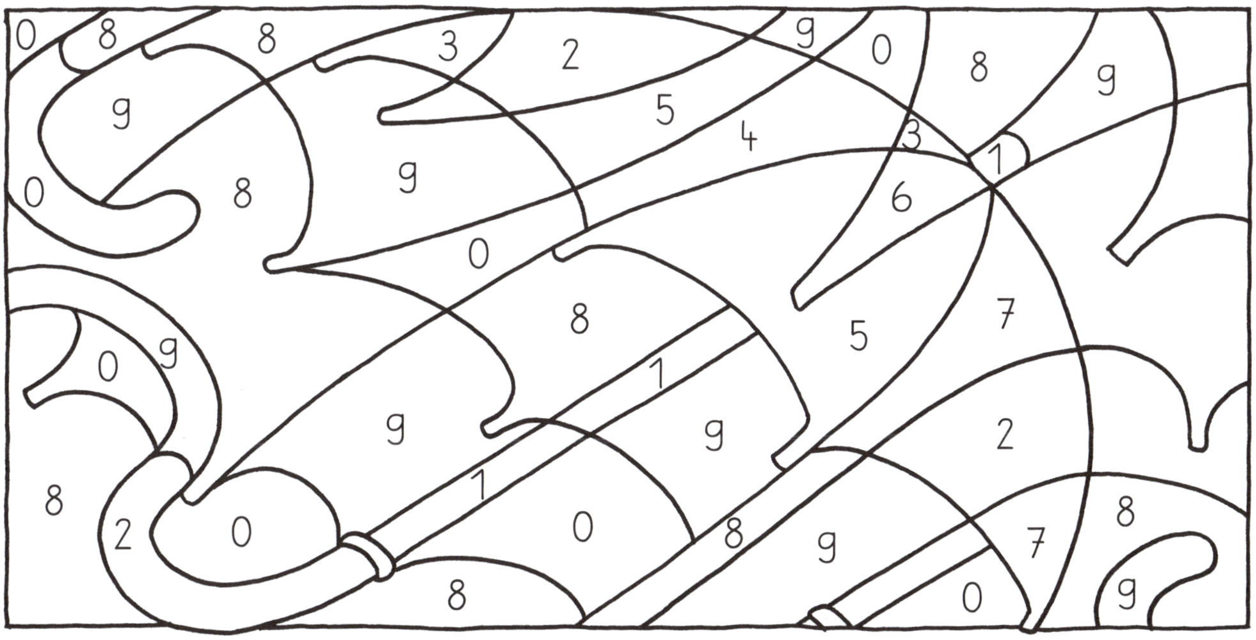

7

7 6 7

7 6 5 4 7

7 5 3 1 7

Einführung der 8

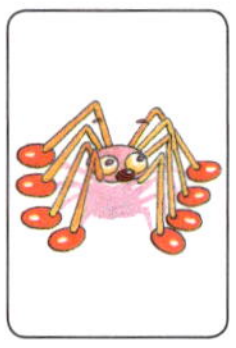

acht

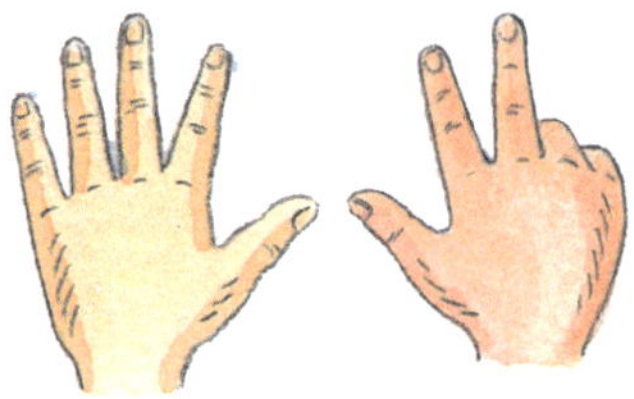

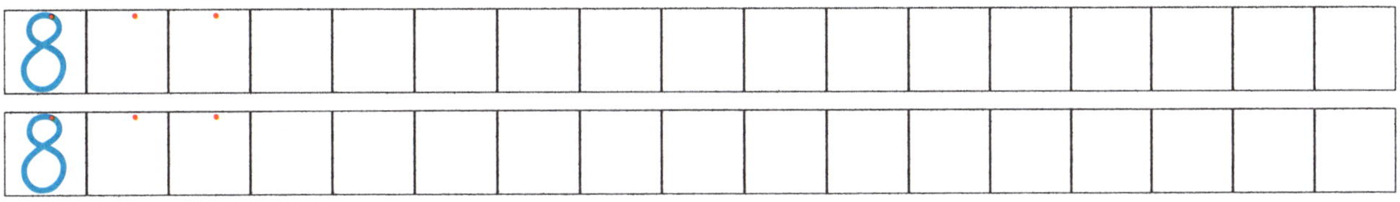

Die Ziffer 8

1
2
3
4
5
6
7
8

8

7 8 7

8 7 6 5 8

8 6 4 2 8

Einführung der 9

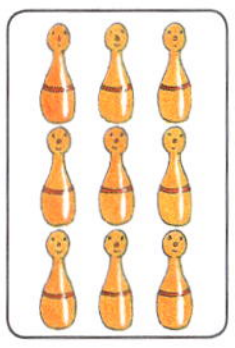

9 neun

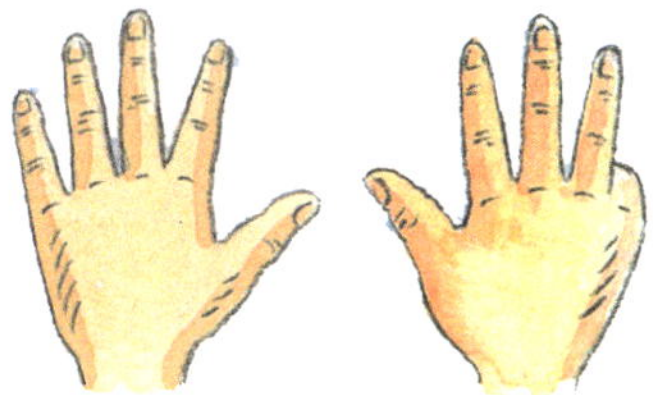

Die Ziffer 9

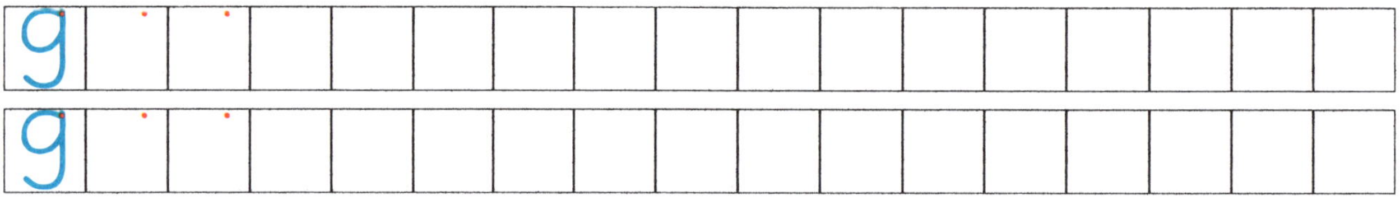

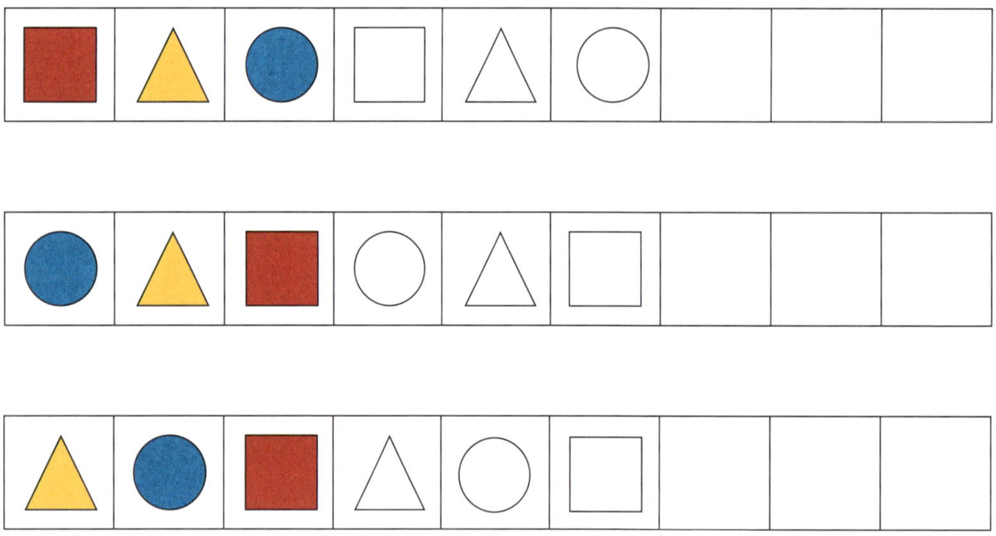

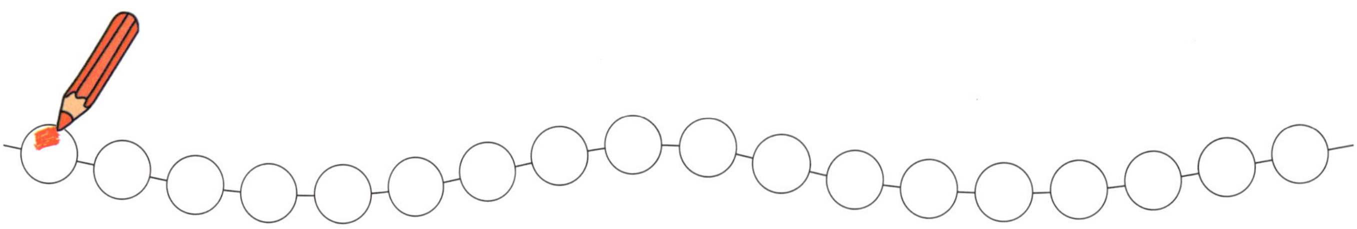

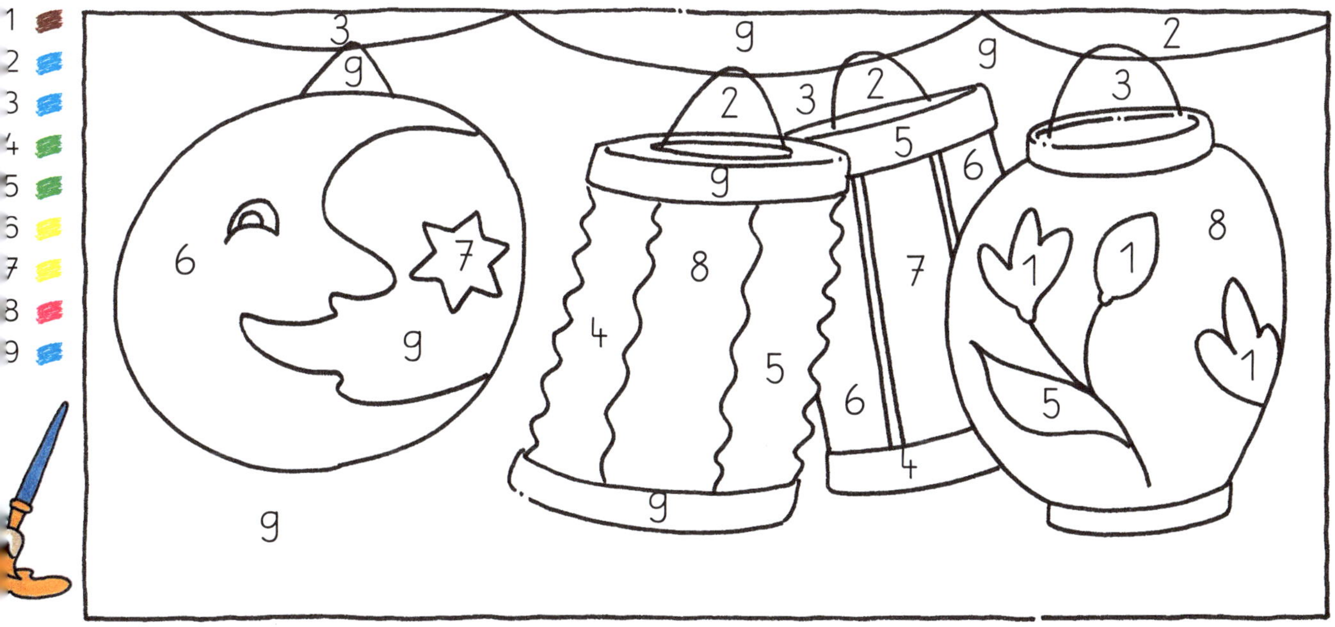

9

9 8 7 9

9 6 3 9

1 2 3 4 5 6 7 8 9 1

9 8 7 6 5 4 3 2 1 9

null

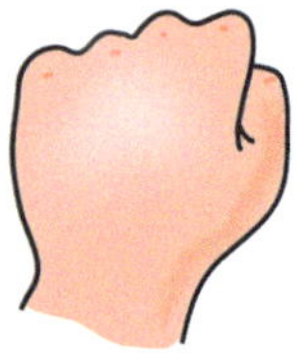

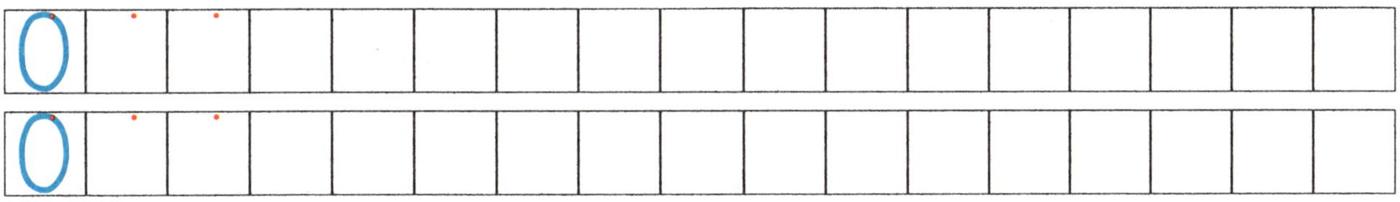

Gleiche Türme suchen und anmalen.

Die Ziffer 0

0

0 1 2 0

3 2 1 0 3

0 1 2 3 4 5 6 7 8 9 0

9 8 7 6 5 4 3 2 1 0 9

Ziffernfolgen

0 0 0

1 1

2

3

4

5

6

7

8

9

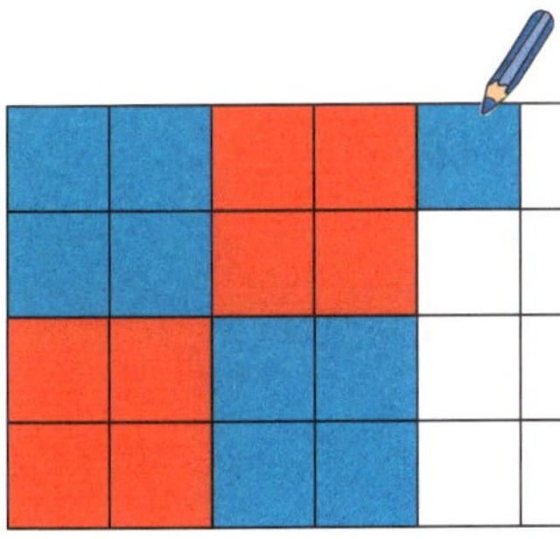

1 0

1 2 3 1 2

7 8 9 7 8

2 4 6 2

3 5 7 3

7 6 5 7

9 7 5 9

6 4 2 6

1 0 9 8 1 0 9

Ziffern suchen und nachmalen. Findest du alle Ziffern?

Ziffer	1	2	3	4	5	6	7	8	9	0
Anzahl	𝍸 IIII									